一线图库（www.cad315.com）是中国国内最优秀的设计图纸、三维模型的发布与共享平台，在三维设计行业飞速发展的今天，一线图库致力于通过网络及线下活动为众多设计师提供优质的图纸及设计方案，并希望通过互联网给设计师们带来全新的优质服务，为设计行业的发展贡献力量，打造能够经受国际市场考验的世界知名品牌。

本书是从众多样板间和别墅案例工程中重新渲染组合的一本家居设计资料，不仅为设计者提供风格引导、调用源文件和渲染测试学习，还特意将家居设计中常用的 VRay 材质球打包调用，从而减轻设计师的工作负担，大大提高工作效率。

 YXK014363

每张效果图下方都标有相应的 ID 号，它所对应的是光盘上的模型编号和网站（www.cad315.com）上的模型编号，读者可对照编号使用相应模型。

读者可通过模型的线框图学习模型的布线技巧及制作方法，然后通过效果图来了解模型使用的贴图及材质。

床布料材质
YXK015696

床头柜木纹材质
YXK016680

床尾凳布料材质
YXK014800

地面地毯材质
YXK016869

墙面乳胶漆材质
YXK019683

材质球下方都标有相应的 ID 号，它所对应的是光盘上的模型编号和网站（www.cad315.com）上的模型编号，读者可对照编号直接调用材质球。

图书使用说明

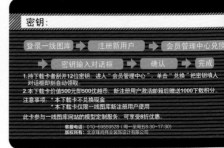
材质球使用帮助

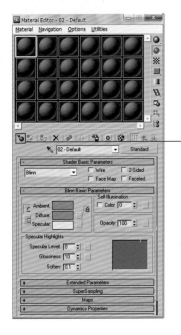

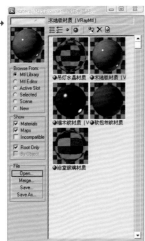

选定材质球：打开 Autodesk 3ds Max，按键盘上的 M 键打开材质对话框，单击 🌀 按钮，在弹出的 Material/Map Browser（材质/贴图浏览器）中选择 Mil Library 单选项，然后在材质对话框中选择需要的材质球。

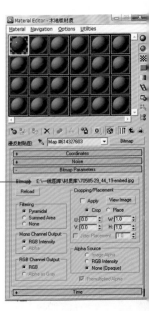

寻找丢失的材质球贴图：选择需要的材质球，然后双击材质球，在贴图面板中选择漫反射贴图，单击 Bitmap Parameters 按钮，然后选择所需要贴图即可。

设计师必备
卧室空间高端模型库

尚 锋 宿艳娜 肖燕娟 编著

飞思数字创意出版中心 监制

電子工業出版社

Publishing House of Electronics Industry

北京·BEIJING

内容简介

本书由一线图库倾力打造，一线图库（www.cad315.com）是中国国内最优质的设计图纸、三维模型的发布与共享平台，在三维设计行业飞速发展的今天，一线图库致力于通过网络及线下活动为众多设计师提供优秀的图纸及设计方案，并希望通过互联网给设计师们带来全新的优质服务，为设计行业的发展贡献力量，打造能够经受国际市场考验的世界知名品牌。

本书是室内设计、装饰装修设计与施工技术人员的必备参考资料，也可供建筑装饰设计、环境艺术设计领域的高校师生参考学习。

图书在版编目（CIP）数据

设计师必备卧室空间高端模型库/尚锋,宿艳娜,肖燕娟编著. —北京：电子工业出版社，2011.7
ISBN 978-7-121-13353-4

Ⅰ.①设… Ⅱ.①尚…②宿…③肖… Ⅲ.①卧室 – 室内装饰设计 – 图集 Ⅳ.①TU241-64

中国版本图书馆CIP数据核字（2011）第069764号

责任编辑：姜　伟
特约编辑：赵树刚
印　　刷：北京盛通印刷股份有限公司
装　　订：
出版发行：电子工业出版社
　　　　　北京市海淀区万寿路173信箱　邮编：100036
开　　本：880×1230　1/16　印张：7　字数：268.8千字
印　　次：2011年7月第1次印刷
印　　数：3000册　定价：98.00元（含光盘1张+VIP下载卡1张）

凡所购买电子工业出版社图书有缺损问题，请向购买书店调换。若书店售缺，请与本社发行部联系，联系及邮购电话：（010）88254888。

质量投诉请发邮件至zlts@phei.com.cn，盗版侵权举报请发邮件至dbqq@phei.com.cn。
服务热线：（010）88258888。

前 言

随着科技的发展，众多设计师体会到了软件带给装修设计的快捷和方便。作为室内设计软件应用的载体，原创三维模型文件应运而生。一线图库应广大设计师的要求，精心挑选打造了高端模型库系列图书，配套精华案例与经典元素组合，极大地满足了设计师的工作需要。

本书是从众多样板间和别墅案例工程中重新渲染组合的一本家居设计资料，不仅为设计师提供风格引导、调用源文件和渲染测试学习，还特意将家居设计中常用的VRay材质球打包调用，从而减轻设计师的工作负担，大大提高工作效率。

本书附赠一张DVD光盘，包括书中全部案例模型、元素组合模型、材质球、贴图灯光参数等源文件，而且还赠送了大量的模型和贴图文件。

本书模型适用于3ds Max 2009及以上版本、Photoshop CS2及以上版本、VRay1.5RC3及以上版本。

本书附赠价值500元的一线图库（www.cad315.com）VIP下载卡一张，内含500优越币和1000积分，以供读者下载一线图库网站的精品3D模型，还可享受模型定制8折优惠。

本书由一线图库组织编写，参与本书编写的人员有尚锋、康旭、宿艳娜、王群、肖艳娟、张建军、张鑫、姜东元、杨秋雨、杨连坤、尚学章、刘振平、李小兵、张倩、于法水。由于作者水平有限，书中疏漏和不足之处在所难免，恳请广大读者及专家不吝赐教。

编 著 者

目　录

YXK010325

抱枕布料材质
YXK012114

床头柜木纹材质
YXK019864

电视柜面理石材质
YXK016718

沙发椅布料材质
YXK017688

台灯不锈钢材质
YXK016877

YXK018137

床布料材质
YXK015696

床头柜木纹材质
YXK016680

床尾凳布料材质
YXK014800

地面地毯材质
YXK016869

墙面乳胶漆材质
YXK019683

YXK017411

床柜木纹材质
YXK019247

床脚地毯材质
YXK017044

床面布料材质
YXK010729

地面地毯材质
YXK018167

墙面壁纸材质
YXK018502

YXK018987

壁纸材质
YXK019558

茶几黑漆材质
YXK017757

地面地毯材质
YXK016970

门木纹材质
YXK013398

沙发布艺材质
YXK014111

YXK018429

茶几黑漆材质
YXK014300

地面地毯材质
YXK010865

电视柜木纹材质
YXK010029

沙发布料材质
YXK017283

台灯不锈钢材质
YXK019288

YXK012896

窗帘布材质
YXK017836

吊灯金属材质
YXK010709

床尾凳皮革材质
YXK010922

地面布料材质
YXK013875

YXK013041

床单布艺材质
YXK017516

床榻皮革材质
YXK017902

毛地毯材质
YXK011402

沙发布艺材质
YXK019965

YXK016362

背景墙壁纸材质
YXK011295

床尾凳布艺材质
YXK015580

床头柜木纹材质
YXK013462

窗帘布艺材质
YXK016311

吊顶乳胶漆材质
YXK019517

YXK014005

床单布艺材质
YXK017652

床榻木纹材质
YXK013389

浅色地毯材质
YXK013790

浅色木地板材质
YXK016467

墙面壁纸材质
YXK011867

YXK014028

白色床单材质
YXK019723

地面木地板材质
YXK010343

地毯材质
YXK018089

电视柜柚木材质
YXK017542

墙纸材质
YXK017462

YXK014068

床单布艺材质
YXK019030

床头柜木纹材质
YXK018451

地毯材质
YXK011632

木地板材质
YXK013879

墙纸材质
YXK017769

YXK014405

窗帘布料材质
YXK015271

床木饰面材质
YXK017061

木地板材质
YXK013541

沙发布料材质
YXK015672

YXK015944

木地板材质
YXK015099

吊灯水晶材质
YXK011848

落地灯旧铜材质
YXK017096

纱布材质
YXK014107

YXK015478

沙发椅皮革材质
YXK011152

床罩布料材质
YXK017673

推拉门玻璃材质
YXK010011

抱枕红织布材质
YXK017346

羊毛地毯材质
YXK016398

YXK016122

床头柜木纹材质
YXK010310

地面地毯材质
YXK016082

墙体乳胶漆材质
YXK013445

沙发椅皮革材质
YXK010643

台灯金属材质
YXK011752

YXK012187

床单布艺材质
YXK011199

电视柜不锈钢材质
YXK015296

木地板材质
YXK016908

墙纸材质
YXK013522

台灯黄铜材质
YXK011522

YXK016283

布料地毯材质
YXK016256

床单布料材质
YXK016771

床头柜木纹材质
YXK018441

顶面乳胶漆材质
YXK016883

墙面麻布材质
YXK015902

YXK015373

床头柜木纹材质
YXK011336

落地灯罩纱布材质
YXK015678

木地板材质
YXK017577

枕头花布材质
YXK015562

墙壁纸材质
YXK017808

YXK016433

红色毛毯材质
YXK019520

浅色地毯材质
YXK012345

墙面乳胶漆材质
YXK015863

深色木地板材质
YXK019704

枕头布艺材质
YXK010095

YXK016518

窗帘布艺材质
YXK018193

床布料材质
YXK019526

地毯材质
YXK014434

床头柜木纹材质
YXK011174

木地板材质
YXK013603

YXK016352

床布料材质
YXK018965

床头柜木纹材质
YXK017322

地毯材质
YXK011158

墙面壁纸
YXK012861

纱织窗帘材质
YXK012836

YXK017296

床单绒布材质
YXK018689

床头木纹材质
YXK011794

地毯绒毛材质
YXK016870

台灯架金属材质
YXK018910

墙面乳胶漆材质
YXK019430

YXK018229

床单布艺材质
YXK019868

床榻皮革材质
YXK012616

床头柜木纹材质
YXK016109

地毯材质
YXK016195

墙面乳胶漆材质
YXK016572

YXK017803

床单绒布材质

YXK013825

床头柜木纹材质

YXK013661

床尾凳皮革材质

YXK013414

方枕丝绸材质

YXK014597

墙面乳胶漆材质

YXK013520

YXK018579

窗纱材质
YXK019922

床架金属材质
YXK016620

床尾凳花布材质
YXK012625

木地板材质
YXK011176

墙壁纸材质
YXK013028

⊗ YXK010454

窗纱白布材质
⊕ YXK011345

床单布料材质
⊕ YXK015330

床头绒布材质
⊕ YXK016042

床下脚毯材质
⊕ YXK013441

地面羊毛地毯材质
⊕ YXK014994

YXK010666

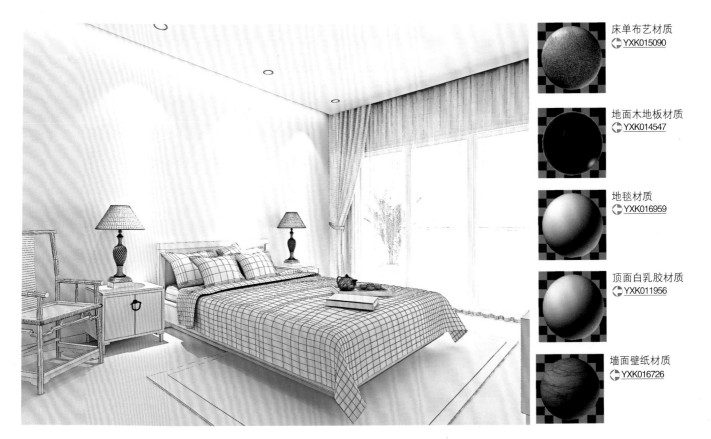

床单布艺材质
YXK015090

地面木地板材质
YXK014547

地毯材质
YXK016959

顶面白乳胶材质
YXK011956

墙面壁纸材质
YXK016726

YXK015031

床单布艺材质
YXK015741

床头柜黑色漆材质
YXK019144

米色墙纸材质
YXK016758

木地板材质
YXK016025

抱枕布艺材质
YXK018118

YXK018277

床头柜烤漆材质
YXK018080

床尾凳皮革材质
YXK019285

地毯材质
YXK016317

吊灯水晶材质
YXK015692

沙发椅布料材质
YXK012648

YXK011990

床柜黑木材质
YXK010307

床面布料材质
YXK013569

地毯材质
YXK010736

主卫玻璃材质
YXK011401

墙面背景材质
YXK013232

YXK012685

被子布料材质
YXK014847

床尾凳皮革材质
YXK013012

电视柜木纹材质
YXK017587

地毯印花材质
YXK017827

沙发椅布料材质
YXK014445

YXK011910

窗帘绒布材质
YXK011593

床头柜不锈钢材质
YXK015985

木地板材质
YXK013749

墙壁纸材质
YXK014676

YXK018955

被子布料材质
YXK019257

床头柜木纹材质
YXK015172

床尾凳金属材质
YXK011305

地毯材质
YXK016885

沙发椅布材质
YXK019708

YXK019847

白色窗纱材质
YXK012938

床柜木纹材质
YXK019416

床面布料材质
YXK018165

地面地毯材质
YXK019238

地毯材质
YXK019394

YXK019233

床头柜木纹材质
YXK014788

红色毛毯材质
YXK018269

灰色地毯材质
YXK011100

木地板材质
YXK014171

YXK016484

玻璃磨砂材质
YXK012651

床皮革材质
YXK019468

床尾凳黑皮材质
YXK014673

木地板材质
YXK014420

椅子布纹材质
YXK012358

YXK014681

背景墙皮革材质
YXK015823

床头柜黑漆材质
YXK016409

吊灯水晶材质
YXK019535

木地板材质
YXK010065

椅不锈钢材质
YXK017369

YXK018213

床布料材质
YXK017413

地毯材质
YXK013539

床头柜木纹材质
YXK011922

木地板材质
YXK014275

墙面壁纸材质
YXK012311

YXK012182

被单布纹材质
YXK015650

床头柜白漆材质
YXK010612

木地板材质
YXK014963

沙发绒皮材质
YXK019745

装饰木年轮材质
YXK012288

YXK011381

床单花布材质
YXK015850

地毯材质
YXK011827

墙壁纸材质
YXK012158

木地板材质
YXK016829

YXK013765

床单布艺材质
YXK011272

床红木纹材质
YXK010385

木地板材质
YXK013206

墙纸材质
YXK017261

YXK013475

壁灯金属材质
YXK011494

地毯材质
YXK013365

墙纸材质
YXK017845

沙发椅布艺材质
YXK016910

木地板材质
YXK011870

YXK016957

茶几玻璃材质
YXK016477

地面木地板材质
YXK016378

地毯材质
YXK011226

沙发布料材质
YXK017881

墙体乳胶漆材质
YXK015611

YXK016230

电视柜木纹材质
YXK011694

地面地毯材质
YXK017081

金色窗帘材质
YXK012934

墙面麻布材质
YXK010031

床单布料材质
YXK019334

YXK018564

壁纸材质
YXK010946

枕头布艺材质
YXK011564

床尾凳皮革材质
YXK010353

木地板材质
YXK011397

YXK010322

床单布艺材质
YXK017055

床头柜木纹材质
YXK010683

吊灯水晶材质
YXK016457

靠垫皮革材质
YXK010499

木地板材质
YXK013284

YXK016366

床单布艺材质
YXK018905

床头柜木纹材质
YXK019002

木地板材质
YXK017298

墙米黄石材材质
YXK012390

墙纸材质
YXK010018

YXK019909

床单布艺材质
YXK017399

床尾凳木纹材质
YXK014703

床头柜白漆材质
YXK019766

木地板材质
YXK010265

墙软包皮革材质
YXK016085

YXK010223

椅子花布材质
YXK011274

被单绒布材质
YXK010215

木地板材质
YXK010615

梳妆镜材质
YXK015613

YXK013557

窗帘纱布材质
YXK017661

床垫绒布材质
YXK012807

床柜木纹材质
YXK017221

墙面乳胶漆材质
YXK015599

台灯罩材质
YXK011369

YXK017856

床单布艺材质
YXK014620

床头胡桃木材质
YXK014159

毛地毯材质
YXK016836

墙纸材质
YXK010250

沙发腿不锈钢材质
YXK019222

YXK017718

背景墙木纹材质
YXK012791

被罩花布材质
YXK011088

床头柜白漆材质
YXK012194

地毯混纺材质
YXK017391

YXK014822

窗帘布艺材质
YXK08608

床单布艺材质
YXK018979

床头布艺材质
YXK019081

地毯材质
YXK016615

YXK018288

床单布艺材质
YXK018826

床单丝绸材质
YXK016906

床头木纹材质
YXK013854

木地板材质
YXK011674

墙面乳胶漆材质
YXK019173

YXK010152

吊灯水晶材质
YXK011332

木地板材质
YXK018993

软包布纹材质
YXK011215

浴室玻璃材质
YXK012108

墙木纹材质
YXK013724

YXK018481

抱枕花纹材质
YXK013963

地面地毯材质
YXK019903

墙面壁纸材质
YXK011118

墙上壁画材质
YXK019326

椅子布料材质
YXK013059

YXK010314

被子布艺材质
YXK011092

床尾凳皮革材质
YXK018797

墙纸材质
YXK012388

床头柜黑漆材质
YXK017831

YXK016835

床头柜黑漆材质
YXK018337

地面地毯材质
YXK017999

沙发椅布艺材质
YXK016750

装饰画金属材质
YXK017310

YXK014363

背景墙布纹材质
YXK013399

床单绒布材质
YXK014569

床尾凳棉绒材质
YXK013530

地毯绒毛材质
YXK014966

墙体木纹材质
YXK016553

YXK010707

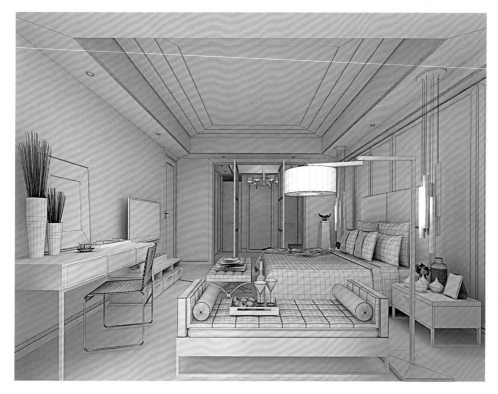

床尾凳皮革材质
YXK019863

电视柜黑漆材质
YXK017103

木地板材质
YXK011720

地毯材质
YXK012747

床单布艺材质
YXK014004

YXK010051

YXK010894

YXK013364

YXK017002

YXK013921

YXK014109

YXK014506

YXK015413

YXK014332

YXK015848

YXK015040

YXK018252

YXK016605

YXK014092

YXK016860

YXK018569

YXK019119

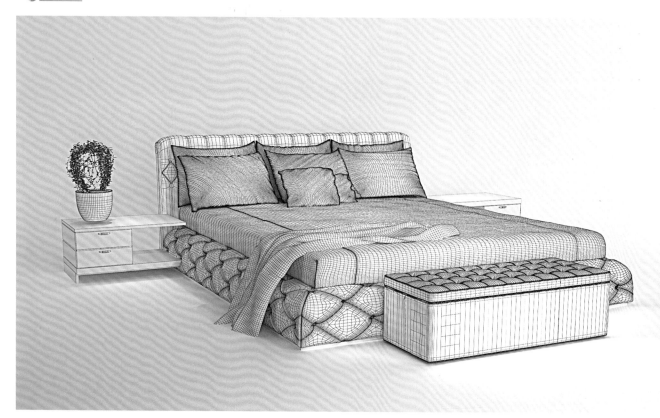

YXK018533

YXK014939

YXK012945

YXK011844

YXK019564

YXK011577

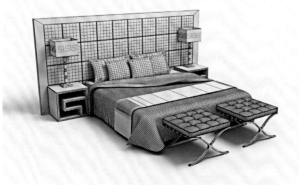

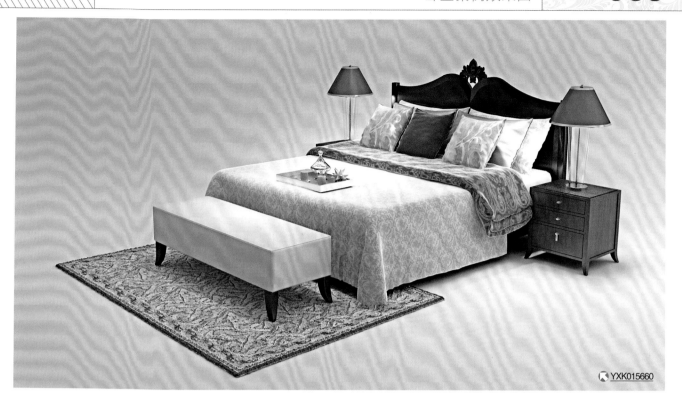

YXK015660

YXK015780

YXK012876

YXK015461

YXK019383

YXK015786

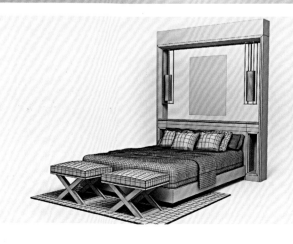

YXK018553

YXK015664

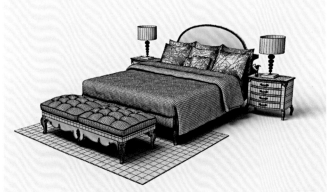

YXK012691

YXK015400

YXK019268

YXK016634

YXK015596

YXK012597

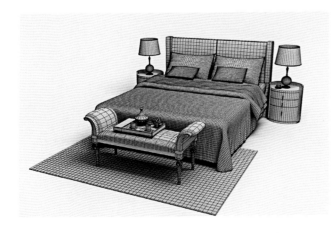

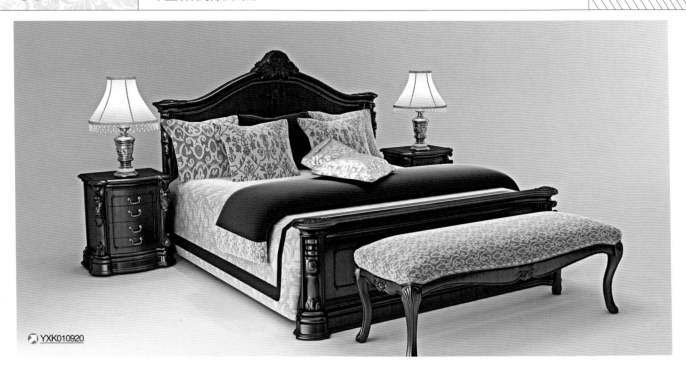

YXK010920

YXK010812

YXK011321

YXK012812

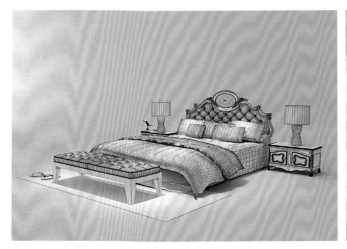

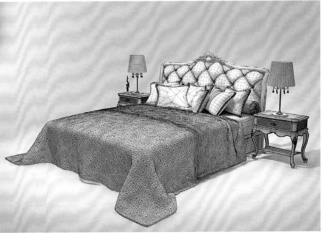

YXK019589

YXK012646

YXK011047

YXK016734

YXK015588

YXK013733

YXK012732

YXK013391

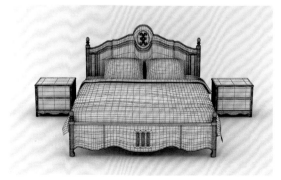

YXK011128

YXK011436

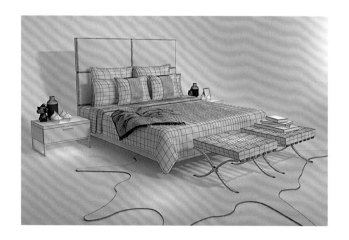

YXK014466

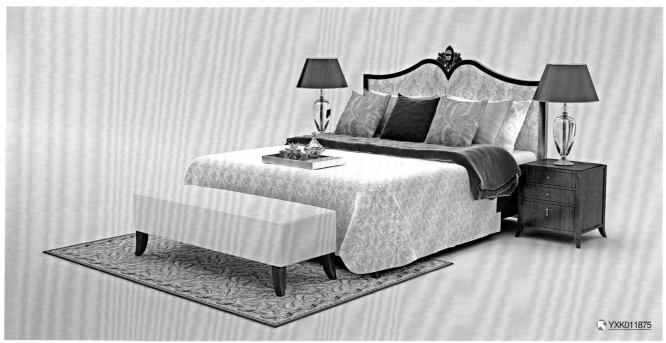

YXK011875

YXK014584

YXK011584